Discovery Education 探索·科学百科（中阶）

1级B3 南极探险

全国优秀出版社
全国百佳图书出版单位

广东教育出版社 学乐

目录 | Contents

南极探险

探险家詹姆斯·库克率领船队穿过南极圈，罗阿尔德·阿蒙森带队首次抵达南极。

詹姆斯·库克
（James Cook）
1772~1775年

查尔斯·威尔克斯
（Charles Wilkes）
1838~1842年

罗伯特·弗肯·斯科特
（Robert Falcon Scott）
1901~1904年

欧内斯特·沙克尔顿
（Ernest Shackleton）
1907~1909年

罗阿尔德·阿蒙森
（Roalad Amundsen）
1910~1911年

道格拉斯·莫森爵士
（Sir Douglas Mawson）
1911~1914年

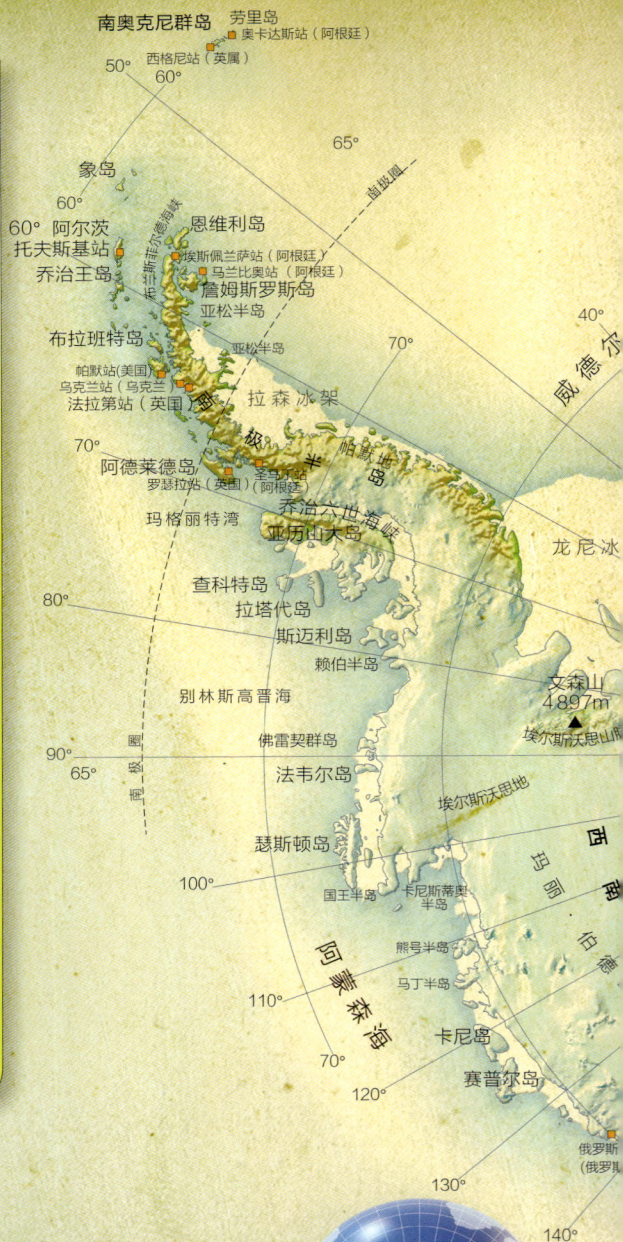

南极洲

南极洲是地球上唯一一个至今没有人类永久居住的大陆。尽管科学家因科考需要而远征南极，但是南极极其恶劣的气候和环境无法满足人类生存的需要。这也是南极大陆尚未得以开发的原因所在。尽管如此，探险家欧内斯特·沙克尔顿对南极仍然一直心驰神往。1914年，他启程探险，目标是希望率队徒步横穿南极大陆。

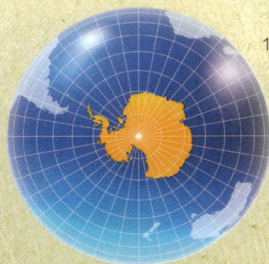

南奥克尼群岛
劳里岛
奥卡达斯站（阿根廷）
西格尼站（英属）
50°
60°
65°
象岛
60°
恩维利岛
阿尔茨
托夫斯基基站
乔治王岛
埃斯佩兰萨站（阿根廷）
马兰比奥站（阿根廷）
詹姆斯罗斯岛
亚松半岛
布拉班特岛
亚松半岛
70°
帕默站（美国）
乌克兰站（乌克兰）
法拉第站（英国）
拉森冰架
威德尔
阿德莱德岛
圣马丁站（阿根廷）
罗瑟拉站（英国）
乔治六世海峡
亚历山大岛
龙尼冰
玛格丽特湾
80°
查科特岛
拉塔代岛
文森山
4 897m
斯迈利岛
埃尔斯沃思山脉
赖伯半岛
别林斯高晋海
90°
65°
佛雷契群岛
埃尔斯沃思地
法韦尔岛
100°
瑟斯顿岛
国王半岛
卡尼斯蒂岛
半岛
110°
熊号半岛
马丁半岛
卡尼岛
120°
赛普尔岛
130°
俄罗斯
（俄罗斯）
140°
70°

南极洲

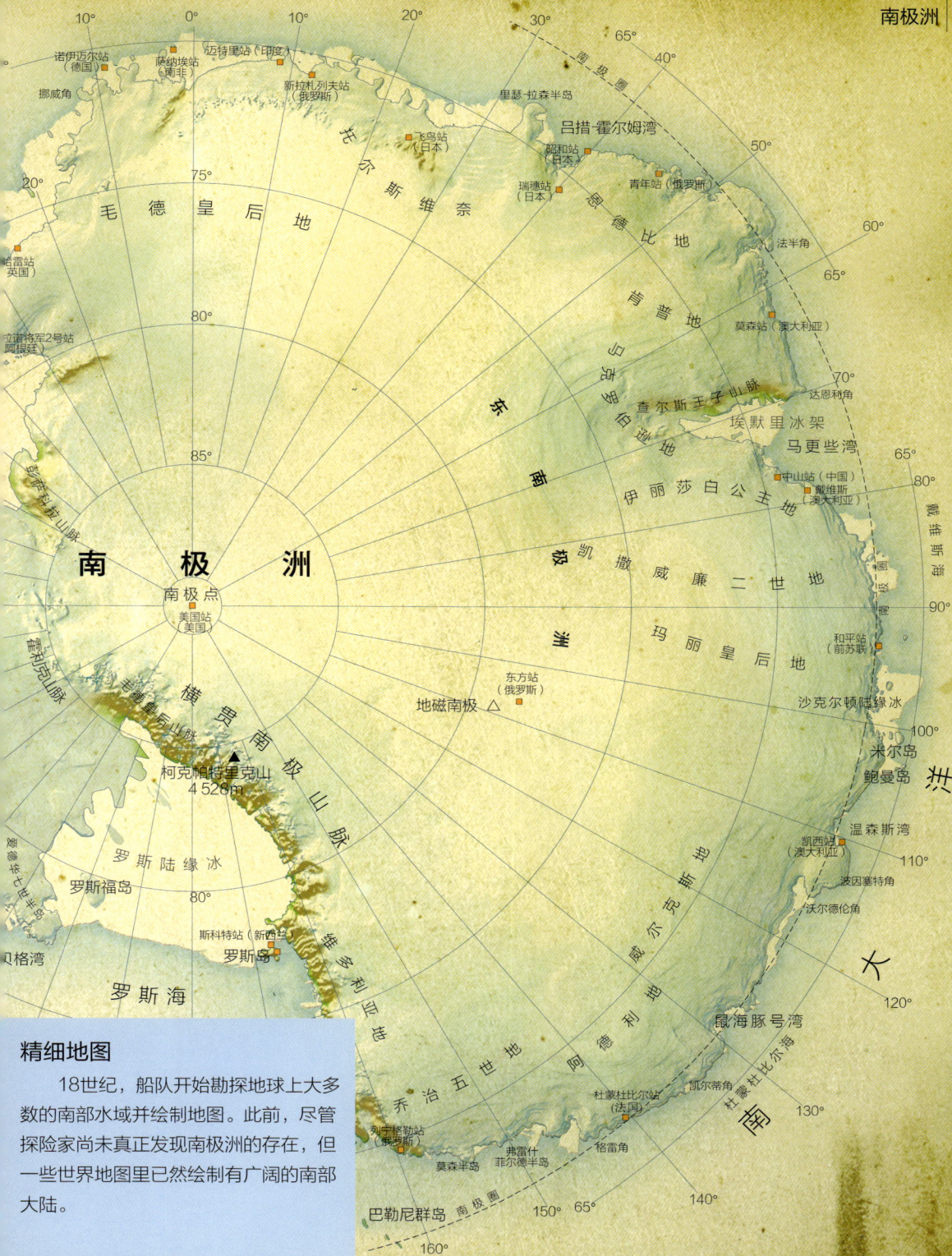

诺伊迈尔站（德国）

挪威角

萨纳埃站（南非）

迈特里站（印度）

新拉扎列夫站（俄罗斯）

飞鸟站（日本）

里瑟-拉森半岛

吕措-霍尔姆湾

昭和站（日本）

瑞穗站（日本）

青年站（俄罗斯）

哈雷站（英国）

贝尔格拉诺2号站（阿根廷）

毛 德 皇 后 地

托 尔 斯 维 奈

恩 德 比 地

法半角

莫森站（澳大利亚）

达恩利角

肯 普 地

东

查尔斯王子山脉

马 克 罗 伯 逊 地

埃默里冰架

马更些湾

中山站（中国）

戴维斯海

戴维站（澳大利亚）

南

伊 丽 莎 白 公 主 地

撒切尔军用山脉

南 极 洲

南 极 点

美国站（美国）

霍利克山脉

凯 撒 威 廉 二 世 地

玛 丽 皇 后 地

和平站（前苏联）

东方站（俄罗斯）

地磁南极 △

沙克尔顿陆缘冰

米尔岛

鲍曼岛

横 贯 南 极 山 脉

莫德皇后山脉

柯克帕特里克山 4528m

罗斯陆缘冰

罗斯福岛

恩德比七勒山

贝格湾

斯科特站（新西兰）

罗斯岛

罗斯海

维 多 利 亚 地

温森斯湾

凯西站（澳大利亚）

波因塞特角

沃尔德伦角

鼠海豚号湾

乔 治 五 世 地

阿 德 利 地

威 尔 克 斯 地

杜蒙杜尔维尔站（法国）

凯尔蒂角

杜蒙杜尔维尔海

列宁格勒站（俄罗斯）

莫森半岛

弗雷什 菲尔德半岛

格雷角

巴勒尼群岛

南 极 圈

瓦瑟尔湾（Vahsel Bay）

沙克尔顿计划从瓦瑟尔湾开始徒步横穿南极大陆，该湾位于威德尔海东海岸。

1914 年 8 月 8 日
启程

1914年8月8日，"持久号"（Endurance）离开英国普利茅斯。经停阿根廷布宜诺斯艾利斯，后扬帆驶向位于南极洲西北部的南乔治亚岛。从那里，沙克尔顿及全体队员"持久号"踏上了被称之为"帝国穿越南极探险之旅"的征途。然而探险旋即遭遇麻烦，之后艰险重重，情势愈加恶劣。要保证每个人都安全返航无疑需要一位卓越非凡的领导者。

欧内斯特·沙克尔顿

沙克尔顿生于1874年。1907至1909年期间，沙克尔顿组织领导了他的第一支南极探险队，最终抵达地距南极点仅160千米。

探险计划

　　沙克尔顿计划在位于南极海岸的瓦瑟尔湾靠岸，经由南极点徒步穿越南极大陆，抵达另一边的罗斯海。尽管这项计划的路线十分危险，还是有超过5 000名追随者申请加入此路线探险。

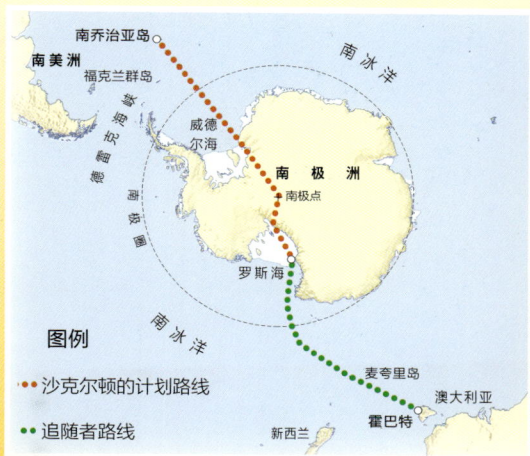

南乔治亚岛

南美洲

福克兰群岛

南冰洋

德雷克海峡

威德尔海

南极圈

南极洲

南极点

罗斯海

南冰洋

麦夸里岛

澳大利亚

新西兰

霍巴特

图例

●●● 沙克尔顿的计划路线

●●● 追随者路线

弗兰克·赫尔利（Frank Hurley）

　　澳大利亚籍的赫尔利是探险活动的随队摄影师。作为一位摄影先驱者，他为这次远征拍摄下了许多珍贵的黑白照片和一些彩色照片。

持久号

　　持久号是一艘以蒸汽混合动力的木质三桅船。重356吨，长44米。包括科学家在内，全体队员共28人。

1914 年 12 月 5 日

冰封

在扬帆离开南乔治亚岛之前，有报告警告沙克尔顿，他计划探险的海域有不同寻常的严重结冰现象，他的船极有可能无法到达瓦瑟尔湾。尽管如此，沙克尔顿仍抱有乐观的希望，决意 12 月 5 日启程。出发不到一周，"持久号"首次遭遇极地浮冰，行程受阻。接下来几周的行进过程中，浮冰将船重重围住，行进速度更加缓慢。沙克尔顿很快便清楚船将被困于冰中，寸步难行，整个冬天他们不得不在船上过冬。

寻求出路

随着冬天的临近，天气条件愈加恶劣，沙克尔顿下令让一些船员持冰镐等工具前去凿开冰层，辟出一条航道使船得以顺利穿过。遗憾的是，这一努力以失败告终。

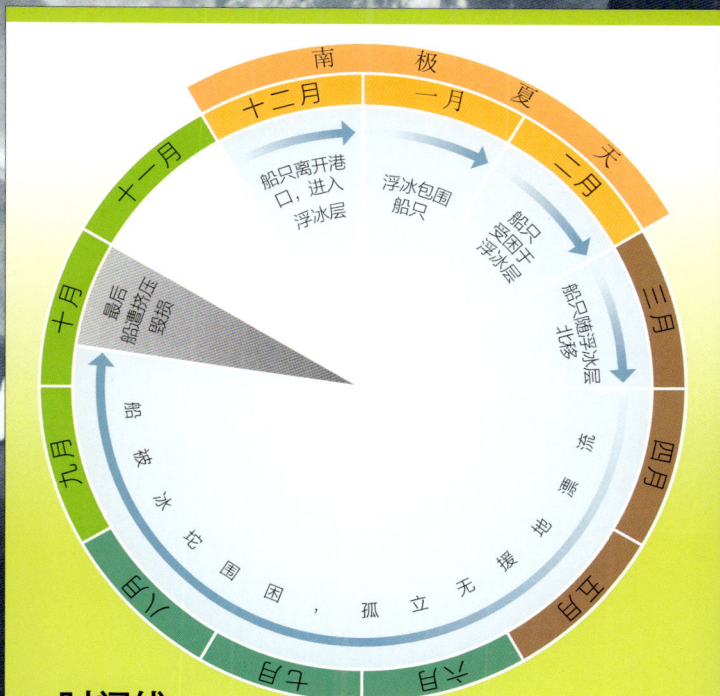

南 极 夏 天

十二月 — 船只离开港口，进入浮冰层

一月 — 浮冰包围船只

二月 — 船只受困于浮冰层

三月 — 船只随浮冰层北移

船 被 冰 坨 围 困，孤 立 无 援 地 漂 流

最后船遭坍压毁损

十一月 / 十月 / 九月 / 八月 / 七月 / 六月 / 五月 / 四月

时间线

　　一月下旬至二月，也就是南极的夏末，威德尔海又开始结冰。到冬天，海洋冰层可以厚达 3.7 米。受困的"持久号"漂在浮冰上度过了长达数月的漫漫严冬。春天，当气温开始回升，浮冰突然融化和崩裂，巨大的冰坨从四面八方推撞船身。

1915 年 1 月 18 日
严冬惊魂

浮冰并非是沙克尔顿及船员们所需要面对的唯一问题。激流和强风意味着他们无法左右"持久号"的漂流方向。1915 年 1 月 18 日，他们距离瓦瑟尔湾只有大概一天的航程，但无法再向目的地方向继续行进。"持久号"在受困于威德尔海的浮冰层前又向北漂流了约 1 290 千米。在漫漫严冬里，他们只得听任大块浮冰和极寒天气的摆布，既无法登陆南极洲，也不能返航南美洲。

> " 立于激流暗涌，翻滚不定的冰面上，想象下面有一位强大的巨人，正是他沉沉的呼吸和翻来覆去扰乱了原有的平静。"
>
> 欧内斯·沙克尔顿

保持斗志

沙克尔顿安排队员们在船周边的冰层上踢足球或者打曲棍球。这些活动有助于船员们暖和身体，保持强健的体魄，同时也极大地提高了他们的士气。

队员中不仅有驾驶和修理船只的能手，还有机械师，医生和一位艺术家。

照料雪橇狗

　　船上有很多只雪橇狗，计划是横穿南极洲时拉雪橇所用。队员们悉心照料雪橇狗，猎捕企鹅和海豹喂养它们。

狗舍

　　到冬天最寒冷的时候，探险队在冰面上扎起营地。他们为雪橇狗建了类似于冰屋的庇护处，称之为狗屋。

1915 年 10 月 27 日
露营洋上

1915 年 10 月，融化崩裂的冰坨开始推撞毁损"持久号"。船体各部分分崩断裂，开始漏水，队员们仍然试图修理。到 10 月 27 日，沙克尔顿下令所有人弃船撤离。他们抢救出小救生艇，带上雪橇，食物，工具，尽可能多的装上日用必需品。之后他们在一块巨大的浮冰上扎起洋上营地。不到一个月，"持久号"解体沉没。

船上的动物

新鲜肉类极度匮乏。沙克尔顿下令为探险所用的雪橇狗可以继续留下。而船上的猫和雪橇狗的仔犬则全遭屠杀，无一幸免。

> **"** 船体毁损之严重破灭了一切的希望，我们被迫弃船求生。**"**
>
> 欧内斯特·沙克尔顿

幸存

沙克尔顿（图右）和弗兰克·赫利坐在洋上营地的火炉边上。为了保证食物供给，他们抓紧一切时间炖煮海豹和企鹅肉，还将鲸油用作炉子燃料。

前往陆地的漫漫征途

当"持久号"在冰坨冲撞下分崩解体开始沉没时，探险队距离最近的陆地还有200海里（370千米）。他们不得不应对处理冰层融化和漂流的诸种问题。

1915 年 12 月 20 日
向陆地行进

到 1915 年 12 月，随着南极夏天的临近，消融的冰层开始崩裂。沙克尔顿意识到自己和队员必须开始跋涉前往最近的陆地。12 月 20 日，他们出发，一路上时常陷入松软的冰雪地难以移步，还需要拖拉三艘载着沉重日常必需品的救生艇穿过一块块大浮冰。他们朝西北方向行进。

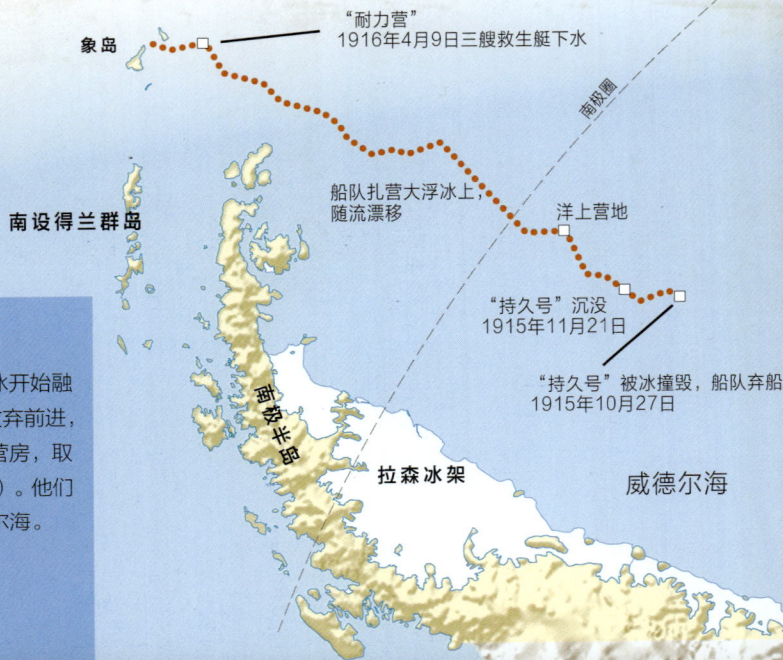

"耐力营"
1916年4月9日三艘救生艇下水

船队扎营大浮冰上，
随流漂移

象岛

南设得兰群岛

南极圈

洋上营地

"持久号"沉没
1915年11月21日

"持久号"被冰撞毁，船队弃船
1915年10月27日

南极半岛

拉森冰架

威德尔海

行走和漂流

队员徒步行进时，大块的浮冰开始融化，前行愈加艰难。最终，他们放弃前进，在一块坚实稳固的大浮冰上搭起营房，取名"耐力营"（Patience Camp）。他们历时三个多月随浮冰漂流过威德尔海。

冰层上的救生艇

推拉三艘救生艇穿过冰层是一项耗时费力的艰巨任务，探险队员们累得精疲力竭仍然行路缓慢。满载剩余用品的救生艇被安置在几块木板上，像雪橇一样拉动。一些队员套着挽具在前面负责拖拽，其他人在后面负责推。

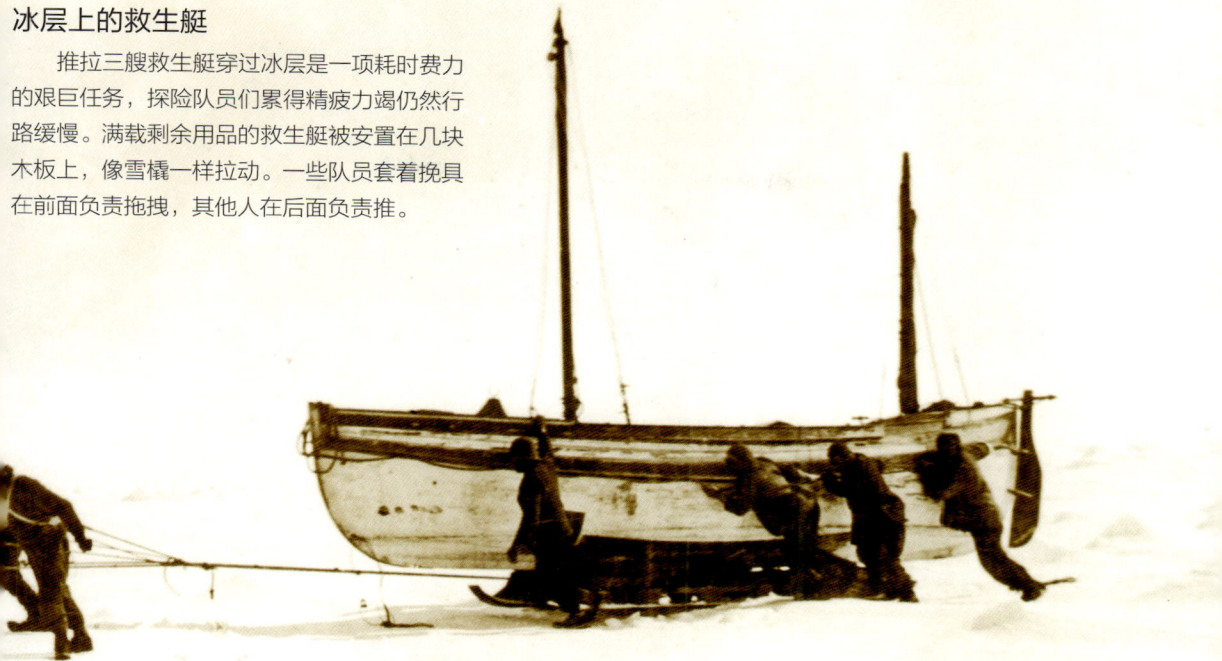

解体"耐力营"

托载着营房的大块浮冰开始分崩解体，队员们登上救生艇划桨离开。救生艇时常被夹在浮冰之间，只能靠徒手拉动行进。

1916 年 4 月 12 日
停靠象岛（Elephant Island）

1912 年 4 月 12 日，沙克尔顿及其同伴从他们所乘的救生艇上发现了象岛。这块巨大的岩石地为冰雪覆盖，远离南极海岸，人迹罕至，并非他们计划的停靠地。然而大家都已经精疲力竭，体力不支，只能将救生艇靠岸。这距离他们之前一次踏足陆地已有 497 天。象岛上几乎找不到一处地方可供用来抵挡狂风，雪暴和激流，他们花了足足几天才发现一个不错的扎营地。

偏远之地

象岛与捕鲸船和其他的船只的航行区域相隔很远，等待船只路过营救的可能性微乎其微。沙克尔顿需要想出办法带领队员离开象岛。

踏足陆地

队员们拖拉着救生艇靠岸。他们中的一些队员体力不支，濒临崩溃。还有一些因为冻伤，双腿麻木已经无法站立。

探险笔记

这本笔记向我们展现了救生艇如何被用于睡觉。每个人都在救生艇内分配有固定的睡觉铺位。

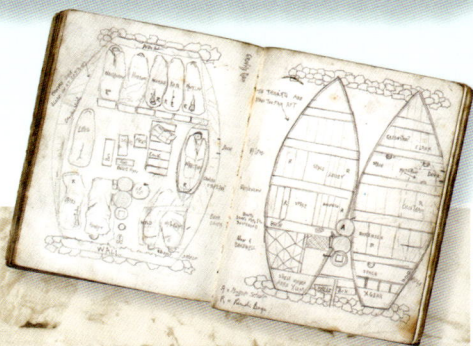

以艇为屋

为了躲避强风、冰雪和海浪，队员们将船体翻转，睡在里面。他们将船帆捆束在船身上，以防有水渗漏进去。

1916 年 4 月 24 日

寻求救援

沙克尔顿花了几天时间决定该如何做。因为风向缘故，船无法驶向一些相比较近的目的地，所以他的选择范围很有限。最终他决定带领其中 5 人驶回 1800 海里（1300 千米）外设有捕鲸站的南乔治亚岛求救，其他 22 人则继续留在象岛上。食物等日常必需品被装上一艘名为"加兰号"（James Caird）的救生艇，6 人于 4 月 24 日出发寻求救援。

弗兰克·沃斯利
（Frank Worsley）

这位经验丰富的商船船长负责领航"加兰号"穿越大洋抵达南乔治亚岛。

出发

依靠一艘饱经雨雪风霜的小救生艇，目标横渡 800 海里（1300 千米）严寒刺骨、风雪肆虐的南冰洋，这无疑是一个疯狂之举。但沙克尔顿别无他选。

告别

留下的人深知与沙克尔顿一行6人的这一别可能会成为永别。他们也知道倘若"加兰号"无法抵达南乔治亚岛，他们极可能永远不会获救。

"加兰号"

"加兰号"仅有6.9米长，但较之其他两艘救生艇要更重更坚固。出于行程需要，在象岛上专门对其进行了改造。艇上装载有充足的食物等生活必需品，足够支撑四周的旅程。

压舱物

毛毯裹满沙子用作船的压舱物。

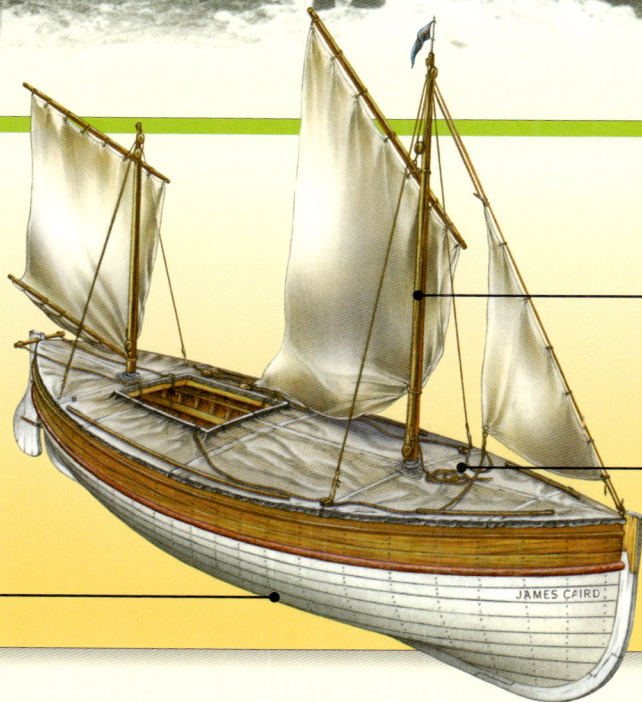

桅杆和帆

撑起桅杆，等到风向合适便扬帆起航。

甲板

甲板由木头和帆布造成，铺置于船上。

JAMES CAIRD

1916 年 5 月 10 日
抵达南乔治亚岛

海上的条件极端恶劣，惊涛骇浪，刺骨寒风，终日没有日照，冰冷的海水侵到船舷冻结成冰，这样的航行就是一场可怕的梦魇。航行伊始，队员们的衣服就都被打湿了，再也没有弄干的机会。弗兰克·沃斯利领航时，哪怕一点微不足道的错误都可能意味着他们根本无法抵达南乔治亚岛，只能葬身海上。最终他们成功地发现南乔治亚岛，两天后于 5 月 10 日设法在风暴中强行上岸。

惊涛骇浪

暴风雨中有那么一刻，沙克尔顿以为天气开始放晴了。然后他意识到，"我所见到的并非是一道云缝，而是一个滔天巨浪的浪峰。"

最终登岸

　　海上波涛涌涌，狂风肆虐，队员们花了整整两天才找到一个安全的地方登岸，将救生艇拖拉上岸。

在南乔治亚岛上

　　在岛上的头几天，队员们捕杀信天翁的幼鸟和海豹作为食物。他们在岛上休息以恢复体力。

大西洋

威利斯岛

布勒角

奥拉夫王子港

帕亚丁角

冰峡湾

哈斯比克

利斯

斯特罗姆内斯

佩格蒂营

凯夫湾

哈康国王湾

南乔治亚岛

坎伯兰湾

杰米多沃角

乔萨克湾

阿

古利德维肯

勒

嘎德萨尔湾

海洋海湾

斯科舍海

代

圣安德鲁湾

皇家湾

夏洛特角

斯

山

脉

(2 934m)▲
帕吉特峰

金港湾

安年科夫岛

维

尔

韦

森

库伯岛

皮克斯吉尔岛

山

脉

德里加尔斯基峡湾

失望角

凭记忆所绘的地图

　　沃斯利可以凭借记忆绘制出一幅路线图。他们上上下下攀爬超过 1220 米，横越了重山，冰川和一条冻结的瀑布。

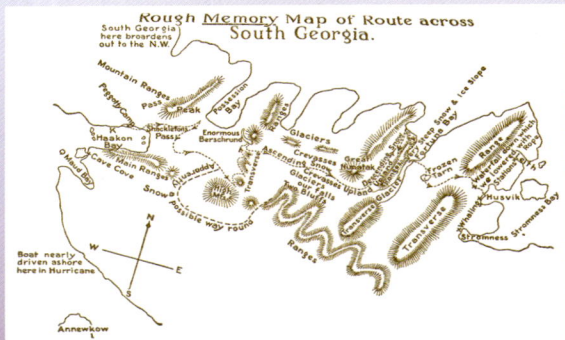

前往斯特罗姆内斯

　　留下的三人在岛上搭起"佩格蒂营"（Peggotty Camp）。沙克尔顿、沃斯利和柯林艰苦跋涉，向斯特罗姆内斯行进。他们徒步穿过南乔治亚岛内陆，借着圆月光连夜赶路，偶尔停下来只是吃点东西。

1916 年 5 月 15 日

越重山

　　员们在南乔治亚岛西北岸登岸。但不幸的是，斯特罗姆内斯湾上的捕鲸站位于东北岸。沙克尔顿认为"加兰号"不适宜环海岸航行。他决定带两个人徒步翻越南乔治亚岛陡峭的山脉，其余三人留下，等候救援。沙克尔顿，沃斯利和汤姆·柯林（Tom Crean）于 5 月 15 日出发。

滑冰下山

　　三个人将他们身上的绳子盘绕着缠在一种雪橇上,坐在上面,顺着覆盖在陡峭的山坡上的光滑冰面滑下去。

抵达斯特罗姆内斯

　　斯特罗姆内斯的挪威捕鲸人对这几个精疲力竭,体力不支的队员表示了极大的敬意和欢迎,替他们理了头发,准备了洗澡的热水,干净的衣物和丰盛的饭菜。

1916年8月30日
营救

怀尔德岬（Point Wild）

留在象岛上的22个人在怀尔德岬上扎营。附近冰川上的冰大块地碎裂，融化成巨大的浪潮，不断地击打着他们的营地。

沃斯利和几个捕鲸人驶回"佩格蒂营"营救出蒂莫西·麦卡锡（Timothy McCarthy），约翰·维森特（John Vincent）和亨利·马可尼什（Henry McNish）。沙克尔顿一刻也顾不上休息，为营救还困在象岛上的队员做各种准备。成功救出南乔治亚岛的成员以后，沙克尔顿，沃斯利和柯林坐"南天号"出发前往象岛营救，但营救以失败告终。第四次出发的营救船"耶尔乔号"终于于8月30日成功靠岸象岛。

冰障

距离象岛60海里（95千米）的一片浮冰阻挡住了"南天号"，船无法前行，营救失败。此后，又进行了三次营救。

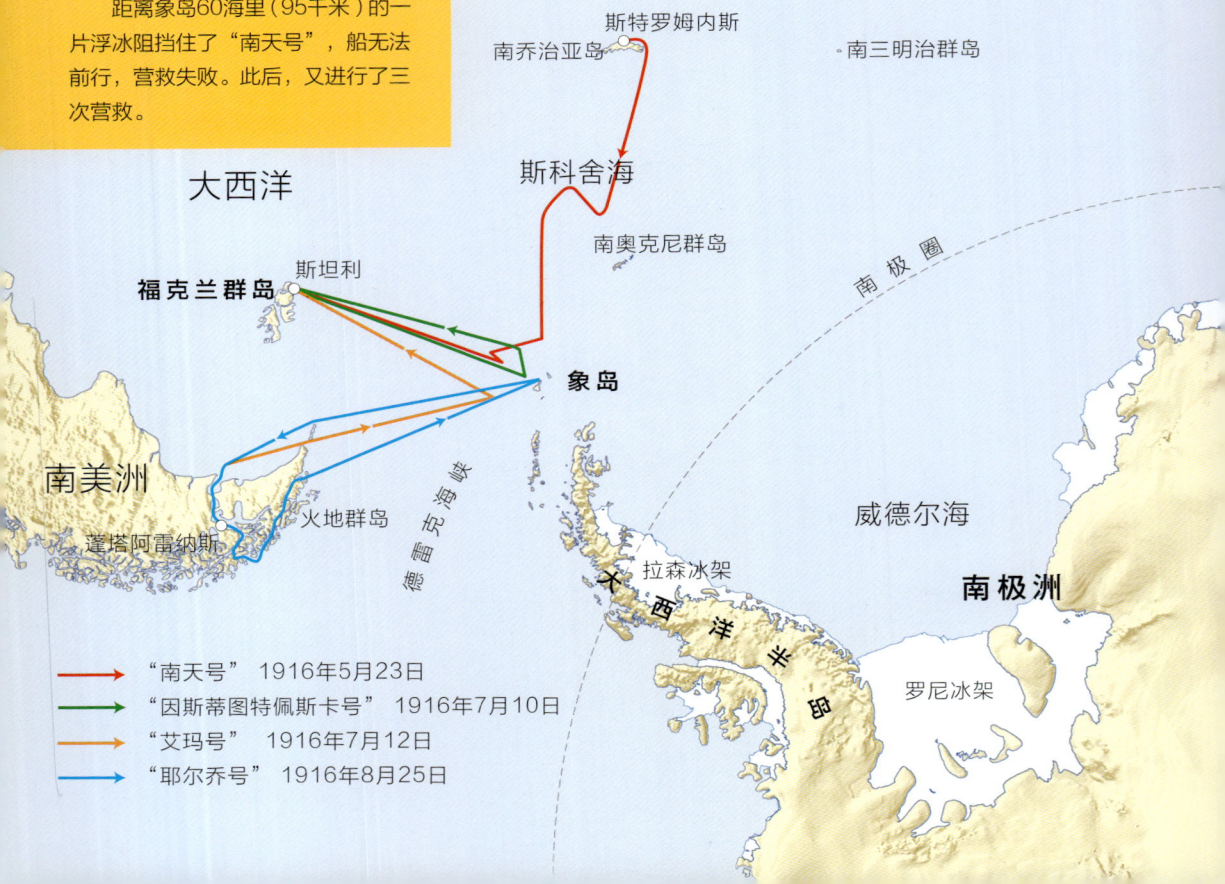

斯特罗姆内斯

南乔治亚岛

南三明治群岛

斯科舍海

大西洋

南奥克尼群岛

南极圈

福克兰群岛　斯坦利

象岛

南美洲

火地群岛

威德尔海

德雷克海峡

拉森冰架

南极洲

蓬塔阿雷纳斯

大西洋半岛

罗尼冰架

→（红）	"南天号"　1916年5月23日
→（绿）	"因斯蒂图特佩斯卡号"　1916年7月10日
→（橙）	"艾玛号"　1916年7月12日
→（蓝）	"耶尔乔号"　1916年8月25日

留守

留下的22个人在几乎与世隔绝的小岛上支撑了整整四个月，全都奇迹般地幸存下来。照片中缺一人，他因为冻伤被截肢，拍照时尚在恢复期。

"耶尔乔号"

在一艘小型轮船的牵引下，"耶尔乔号"穿过冰层抵达象岛。幸存者被带上船，船即刻启程前往智利的蓬塔阿雷纳斯。在那里，他们受到了一大群人的热烈欢迎。

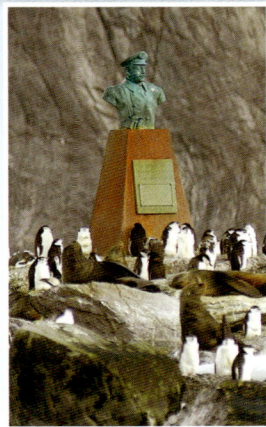

纪念碑

在象岛上建有纪念碑，向"持久号"探险中的所有幸存者及救援人员致敬。碑上雕像为"耶尔乔号"船长路易斯·帕尔多·维拉伦（Luis Pardo Villalón）。

大 西 洋

斯坦利

福克兰群岛

斯 科 舍 海

南 美 洲

蓬塔阿雷纳

火地群岛

海峡

德雷克

象岛

"耶尔乔号"营救被困队员
1916年8月30日

耐

南设得兰群岛

路线图例

"持久号"

在冰上漂移

"加兰号"

"耶尔乔号"营救船

拉森冰架

南极圈

旅程

" 持久号"上的 28 个人被困在南极水域 20 余月。这期间，
他们遭受冻伤之苦，为健康问题所累，他们终日面对极端
恶劣的天气条件，经常食物短缺无法果腹，随时都有丧命
之忧。浮冰层将船团团围住，他们被困在船上无法行进，尔后又目睹
船沉入海底。他们跋涉穿过脚底一块块已经开始消融的大浮冰。冰层
猛烈撞击着救生艇的船舷，他们历尽艰难破冰前行。然而，令人惊叹
的是，他们全都奇迹般地幸存下来。

从布宜诺斯艾利斯出发

斯特罗姆内斯

南乔治亚岛

"加兰号"航线
1916年4月24日至5月10日

南三明治群岛

南奥克尼群岛

三艘救生艇下水1916年4月9日

南 冰 洋

"持久号"进入浮冰层
1914年12月7日

南 极 圈

船队在浮冰上扎营,随流漂移

船队弃船
1915年10月27日

船在浮冰上孤立无援地漂移

威 德 尔 海

瓦瑟尔湾

龙尼冰架

南 极 洲

> 从来没有人从南乔治亚岛海岸进入岛上离岸 1.6 千米外的任何地方,我所认识的捕鲸人认为这片区域根本无法及达。

欧内斯特·沙克尔顿

计划你自己的旅行

　　像"持久号"探险这样的旅行之前需要进行周密的计划。沙克尔顿也无法保证途中能找到新的食物源。那么到底该为旅程准备些什么呢？现在轮到你自己为一次长达 20 个月的旅行做一份计划了。

　　假设你和 5 个朋友要前往某个偏远荒芜、人迹罕至的地方。写下你认为要带的东西，以及数量。

不要忘记带上：

1 食品

2 水

3 衣物

4 工具

5 医药

以及你所能想到的其他东西。

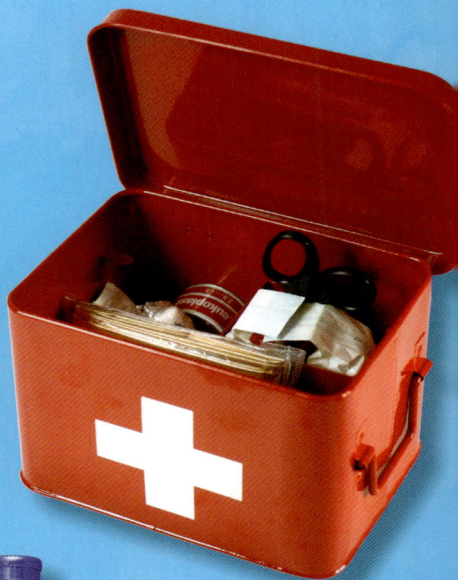

知识拓展

信天翁 (albatross)
一种大型海鸟。

压舱物 (ballast)
任何有重量的东西，置于船底部，以防止船空仓翻覆。

航道 (channel)
海里供船舶航行的通道。

暴风雪 (blizzard)
大而急的风雪。

盘绕 (coiled)
卷成圈状。

冻伤 (frostbite)
极度严寒天气所致的一种皮肤病，对身体暴露部位，尤其是手脚造成严重损伤。

挽具 (harnesses)
套在人或动物身上帮其拉动重物的器具。

大浮冰 (ice floe)
从更大的冰块上碎裂下来的一大块漂浮的冰。

冰屋 (igloo)
用冰雪制成的住房。

改良 (modified)
改善，使之更适合要求。

士气 (morale)
信心，战斗意志和勇气。

海里 (nautical mile)
计量海洋上距离的长度单位，1海里等于1852米。

镐 (pick)
一种凿洞工具，一端尖利。

供给 (provisions)
探险所需要的食物、设备及其他供应。

跋涉 (trek)
徒步登山涉水。

Discovery Education探索·科学百科（中阶）

探索·科学百科

Discovery
EDUCATION

世界科普百科类图文书领域最高专业技术质量的代表作

小学《科学》课拓展阅读辅助教材

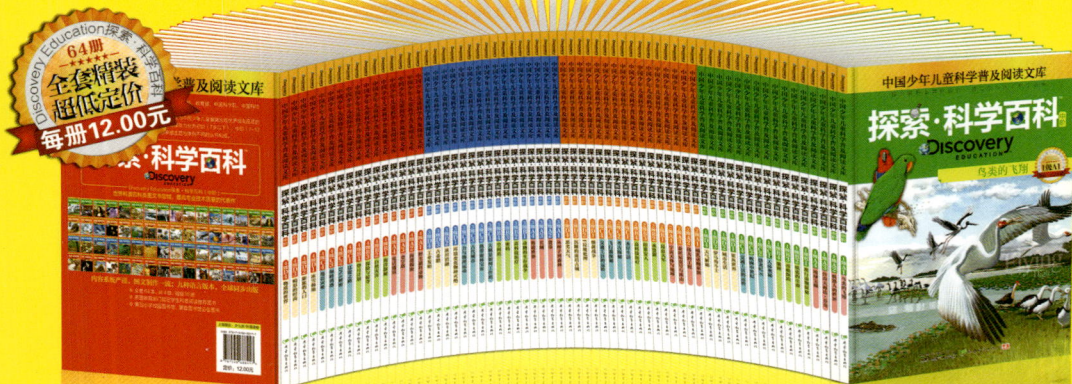

64册
全套精装
超低定价
每册12.00元

中国少年儿童科学普及阅读文库
探索·科学百科
Discovery
鸟类的飞翔

Discovery Education探索·科学百科（中阶）丛书，是7~12岁小读者适读的科普百科图文类图书，分为4级，每级16册，共64册。内容涵盖自然科学、社会科学、科学技术、人文历史等主题门类，每册为一个独立的内容主题。

Discovery Education
探索·科学百科（中阶）
1级套装（16册）
定价：192.00元

Discovery Education
探索·科学百科（中阶）
2级套装（16册）
定价：192.00元

Discovery Education
探索·科学百科（中阶）
3级套装（16册）
定价：192.00元

Discovery Education
探索·科学百科（中阶）
4级套装（16册）
定价：192.00元

Discovery Education
探索·科学百科（中阶）
1级分级分卷套装（4册）（共4卷）
每卷套装定价：48.00元

Discovery Education
探索·科学百科（中阶）
2级分级分卷套装（4册）（共4卷）
每卷套装定价：48.00元

Discovery Education
探索·科学百科（中阶）
3级分级分卷套装（4册）（共4卷）
每卷套装定价：48.00元

Discovery Education
探索·科学百科（中阶）
4级分级分卷套装（4册）（共4卷）
每卷套装定价：48.00元